英国数学真简单团队/编著　华云鹏 董雪/译

DK儿童数学分级阅读 第六辑

1000万以内的数

数学真简单!

电子工业出版社·

Publishing House of Electronics Industry

北京·BEIJING

Original Title: Maths—No Problem! Numbers to 10 Million, Ages 10-11 (Key Stage 2)
Copyright © Maths—No Problem!, 2022
A Penguin Random House Company

版权贸易合同登记号　图字：01-2024-1978

图书在版编目（CIP）数据

DK儿童数学分级阅读. 第六辑. 1000万以内的数 / 英国数学真简单团队编著；华云鹏，董雪译. --北京：电子工业出版社，2024.5
ISBN 978-7-121-47660-0

Ⅰ.①D…　Ⅱ.①英…　②华…　③董…　Ⅲ.①数学－儿童读物　Ⅳ.①O1-49

中国国家版本馆CIP数据核字（2024）第070469号

出版社感谢以下作者和顾问：Andy Psarianos, Judy Hornigold, Adam Gifford和Anne Hermanson博士。
已获Colophon Foundry的许可使用Castledown字体。

责任编辑：苏　琪
印　　刷：鸿博昊天科技有限公司
装　　订：鸿博昊天科技有限公司
出版发行：电子工业出版社
　　　　　北京市海淀区万寿路173信箱　　邮编：100036
开　　本：889×1194　1/16　印张：18　　字数：303千字
版　　次：2024年5月第1版
印　　次：2024年11月第2次印刷
定　　价：128.00元（全6册）

凡所购买电子工业出版社图书有缺损问题，请向购买书店调换。若书店售缺，请与本社发行部联系，联系及邮购电话：（010）88254888，88258888。
质量投诉请发邮件至zlts@phei.com.cn，盗版侵权举报请发邮件至dbqq@phei.com.cn。
本书咨询联系方式：（010）88254161转1868，suq@phei.com.cn。

www.dk.com

目 录

鲁比　　艾略特　　阿米拉　　查尔斯　　露露　　萨姆　　奥克　　霍莉　　拉维　　艾玛　　雅各布　　汉娜

读写10 000 000 以内的数（一）

准备

2020年，澳大利亚的人口为 8 917 205人。

怎样以百万为单位表示该人口数量？

> 澳大利亚
>
> 人口：8 917 205

举例

我们可以用

1000000 100 000 10 000 1000 100 **10** **1**

表示 8 917 205。

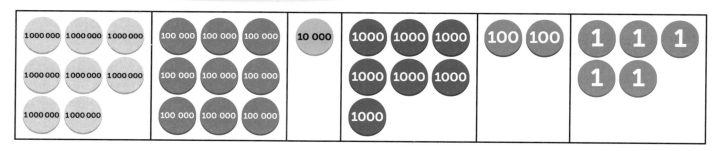

8 917 205中的"8"在百万位，表示8 000 000。

我们把8 000 000 读作八百万。

8 917 205中的"9"在十万位，表示900 000。

8 917 205中的"1"在万位，表示10 000。

8 917 205中的"7"在千位，表示7 000。

8 917 205中的"2"在百位，表示200。

8 917 205中的"0"在十位，表示0。

8 917 205中的"5"在个位，表示5。

我们把8 917 205读作八百九十一万七千二百零五。

8 917 205的十位
为0。

练 习

1 用阿拉伯数字表示下面各数。

(1)

| 1 000 000 | 1 000 000 | 1 000 000 | 100 000 | 100 000 | 100 000 | 10 000 | 10 000 |

| 1 000 000 | 1 000 000 | | 100 000 | 100 000 | 100 000 | |

五百六十二万

(2)

| 1 000 000 | 1 000 000 | 100 000 | 10 000 | 10 000 | 10 000 | 1000 | 1000 | 100 | 10 | 1 |

二百一十三万二千一百一十一

2 用汉字表示下面各数。

(1) 2 456 000

(2) 6 125 230

(3) 8 912 652

5

读写10 000 000 以内的数（二）

准 备

2020年，芬兰有6 926 137辆注册登记机动车。

还可以怎么表示6 926 137？

举 例

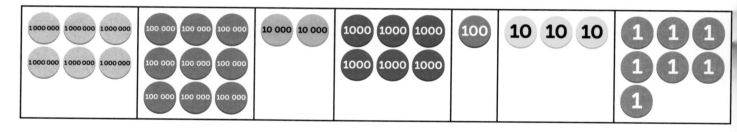

6 926 137读作六百九十二万六千一百三十七。

我们可以把6 926 137用更小的数值表示。

6 926 137 = 6个百万 + 9个十万 + 2个万 + 6个千 + 1个百 + 3个十 + 7个一

6 926 137 = 6 000 000 + 900 000 + 20 000 + 6 000 + 100 + 30 + 7

6 926 137中有两个6，但两个6表示的值不同。

6 926 137

红色的6在百万位，表示6 000 000。

蓝色的6在千位，表示6 000。

6 000是6 000 000的 $\frac{1}{1000}$。

6 000 000是6 000的1 000倍。

练 习

1 填一填。

(1) 4 532 128 = 4 000 000 + ⬚ + 30 000 + 2 000 + ⬚ + 20 + 8

(2) 7 659 382 = ⬚ + 600 000 + 50 000 + ⬚ + ⬚ + 80 + 2

(3) 2 413 926 = ⬚ + ⬚ + ⬚ + ⬚ + ⬚ + ⬚ + ⬚

2 填一填。

(1) 1 000 是1的 ⬚ 倍。

(2) 30 000是3 000的 ⬚ 倍。

(3) 4 000 是400 000 的 ⬚ 分之一。

(4) 8 000 是8 000 000 的 ⬚ 分之一。

比较 10 000 000 以内数的大小

准备

艾略特制作了一张含有几个国家人口数的表格。

怎样比较这些人口数？

从这些信息中可以读出什么？

国家	人口
保加利亚	6 927 290
哥斯达黎加	5 094 110
丹麦	5 831 400
芬兰	5 530 720
新西兰	5 084 300
挪威	5 379 480
新加坡	5 685 810

举例

相邻的两个计数单位相差10倍。

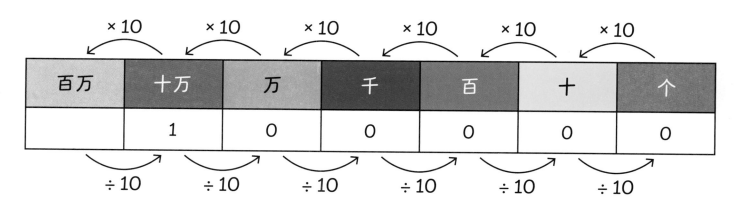

	×10	×10	×10	×10	×10	×10
百万	十万	万	千	百	十	个
	1	0	0	0	0	0
	÷10	÷10	÷10	÷10	÷10	÷10

100 000是10 000的10倍，是1 000 000的$\frac{1}{10}$。

比一比保加利亚和新加坡的人口。

保加利亚	6 927 290
新加坡	5 685 810

我们不用比较百万位后面的数字。

6个百万一定比5个百万大。

6 927 290 > 5 685 810

保加利亚的人口比新加坡的多。

比一比丹麦和芬兰的人口。

丹麦	5 831 400
芬兰	5 530 720

百万位上的数字一样。

那我们就要看一下百万位后面的数字了。

8个十万比5个十万大。不用看十万位后面的数字了。

5 831 400 > 5 530 720

丹麦的人口多于芬兰的人口。

比一比新西兰和哥斯达黎加的人口。

新西兰	5 084 300
哥斯达黎加	5 094 110

百万位上的数字一样，十万位上的数字都为0。

5 094 110的万位数比5 084 300的万位数大1。

我们不用比较万位后面的数字了。

5 084 300 < 5 094 110

新西兰的人口比哥斯达黎加的少。

比一比挪威和丹麦的人口。

挪威	5 379 480
丹麦	5 831 400

哪个数位上的数字能说明哪个国家的人口更多？

百万位数是相同的，十万位数不一样。

只用比较百万位和十万位上的数字，就能判断哪个国家的人口多。

5 379 480 < 5 831 400

挪威的人口比丹麦的少。

1 比一比，用"＞"或"＜"填一填。

(1) 1000000 1000000 1000000 100000 100000 ☐ 1000000 1000000 1000000 1000000 100000 100000

(2) 1000000 1000000 1000000 100000 100000 ☐ 1000000 1000000 1000000 1000000 100000 10000

(3) 1000000 1000000 100000 10000 10000 10000 ☐ 1000000 100000 100000 100000 100000 100000

(4) 1000000 100000 10000 10000 10000 ☐ 1000000 100000 10000 1000 1000

2 比一比，用"大于"或"小于"填空。

(1) 6800000 ☐ 5800000。

(2) 4030000 ☐ 4003000。

(3) 7234000 ☐ 7243000。

(4) 2312478 ☐ 2312487。

3 比一比，用"＞"或"＜"填一填。

(1) 5498000 ☐ 4988000

(2) 3456000 ☐ 3478000

(3) 4000102 ☐ 4000099

(4) 1000001 ☐ 1000010

比较并排列 10 000 000 以内的数

准 备

鲁比为完成一个学校项目，研究了一些世界上最受欢迎的旅游景点。她把各景点的大致游客数量整理在一个表格中。

景点	游客
角斗场（意大利）	7 618 000
卢浮宫（法国）	9 600 000
梵蒂冈（梵蒂冈）	6 800 000
自由女神像（美国）	4 240 000
埃菲尔铁塔（法国）	6 100 000
圣家族大教堂（西班牙）	4 700 000

鲁比可以从这个表格中读出哪些信息呢？

举 例

鲁比可以通过比较游客的数量，找到表中最受欢迎的旅游景点。

要找到最受欢迎和第二受欢迎的景点，可以看百万位上的数字。

卢浮宫（法国）	9 600 000
角斗场（意大利）	7 618 000

这两个数据，百万位上的数字比其他的都大。

梵蒂冈和埃菲尔铁塔至少有六百万游客。再看十万位上的数字，哪个景点的游客更多？

梵蒂冈 （梵蒂冈）	6 800 000
埃菲尔铁塔（法国）	6 100 000

梵蒂冈的游客比埃菲尔铁塔的多。

6 800 000 > 6 100 000

游客数量最少的两个数据都有四百万。

十万位上的数字能说明哪个数量更大。

自由女神像（美国）	4 240 000
圣家族大教堂（西班牙）	4 700 000

自由女神像的游客比圣家族大教堂的游客少。

4 240 000 < 4 700 000

我们比较完游客的数量，就可以把它们从小到大排序。

4 240 000, 4 700 000, 6 100 000, 6 800 000, 7 618 000, 9 600 000

最小　　　　　　　　　　→　　　　　　　　　　最大

卢浮宫的游客比其他旅游景点的都多。

自由女神像的游客数量最少。

练 习

表格中列出了美国一些州的人口。

州（美国）	人口
马里兰州	6 177 224
密苏里州	6 154 913
科罗拉多州	5 773 714
明尼苏达州	5 706 494
阿拉巴马州	5 024 279
马萨诸塞州	7 029 917

比一比各数位上的数字。

1　(1)　人口最多的州是 ☐ 。

　　(2)　明尼苏达州的人口多于 ☐ .

　　(3)　人口最少的州是 ☐ .

　　(4)　马里兰州的人口少于 ☐ .

2　把这些地方按照人口从少到多的顺序排一排。

☐ , ☐ , ☐ , ☐ , ☐ , ☐

3　比一比，用 ">"、"<" 或 "=" 填一填。

(1) 3 400 000 ☐ 4 100 000　　(2) 910 000 ☐ 1 200 000

(3) 2 205 180 ☐ 2 201 000　　(4) 8 763 413 ☐ 8 760 998

4　用这些数填一填。

6 520 141	6 534 999	523 518

5 653 141	623 499	6 535 421

☐ > ☐

☐ < ☐

☐ > ☐

十倍、百倍和千倍

准 备

月球到地球的距离大约是400 000千米。

地球的周长大约是40 000千米。

英国和埃及之间的距离大约是4 000千米。

我们怎么比较这些数呢？

举 例

把前两个数放在数位顺序表中表示。

百万	十万	万	千	百	十	个
	4	0	0	0	0	0
		4	0	0	0	0

400 000中"4"的值是40 000中"4"的10倍。

40 000中"4"的值是400 000中"4"的$\frac{1}{10}$。

百万	十万	万	千	百	十	个
		4	0	0	0	0
			4	0	0	0

40 000中"4"的值是
4 000中"4"的10倍。

4 000中"4"的值是
40 000中"4"的 $\frac{1}{10}$。

数字表示的数值随着
数位变化。

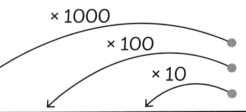

×1000

×100

×10

百万	十万	万	千	百	十	个
4	0	0	0	0	0	0
	4	0	0	0	0	0
		4	0	0	0	0
			4	0	0	0

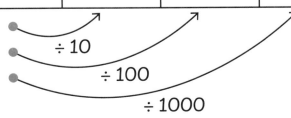

÷10

÷100

÷1000

我们可以看到，4 000 000是4 000的1 000倍，是40 000的100倍，是400 000的10倍。

4 000是4 000 000的 $\frac{1}{1000}$ ，是400 000的 $\frac{1}{100}$ ，是40 000的 $\frac{1}{10}$ 。

练 习

填一填。

百万	十万	万	千	百	十	个

(1) 4 356 000中"3"的值是2 534 000中"3"的 ⬚ 倍。

(2) 6 125 000中"6"的值是3 756 000中"6"的 ⬚ 倍。

(3) 3 997 000中"7"的值是7 443 000中"7"的 ⬚ 分之一。

(4) 4 221 900中"9"的值是9 030 000中"9"的 ⬚ 分之一。

2 (1) [   ] 是1000的100倍。

(2) 800 000是 [   ] 的1000倍。

(3) 7 200 000是7 200的 [   ] 倍。

(4) 4 980是 [   ] 的 $\frac{1}{100}$。

3 英国大约有5 000人参加曼彻斯特半程马拉松比赛。

美国参加纽约马拉松比赛的人数是曼彻斯特半程马拉松的10倍。

有多少人参加纽约马拉松比赛？

[   ]

有 [   ] 人参加纽约马拉松比赛。

4 鲁比家距离奶奶家18千米。

英国的伦敦和新西兰的奥克兰之间的距离大约是鲁比家到奶奶家距离的1000倍。

伦敦和奥克兰之间的距离大约是多少千米？

[   ]

伦敦和奥克兰之间的距离大约是 [   ] 千米。

数线确定数的位置

准备

校园集市上，谁能在1升水壶上最准确地标出478毫升的位置，就能获得奖品。

你会把478毫升标在水壶的什么地方？

举例

我知道1升的一半是500毫升，所以500毫升在水壶中间的位置。

我还知道在第一个刻度线和中间刻度线之间是250毫升刻度线。我能想象250毫升可以分成相等的5段。

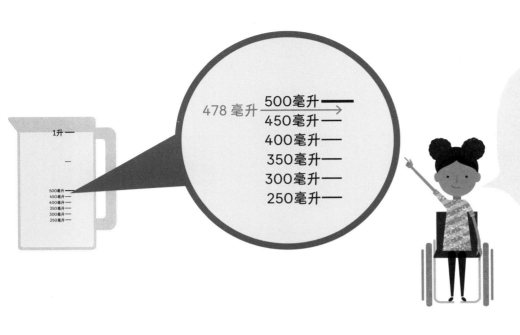

我知道475正好在450和500的中间位置。所以478一定在这个中间位置的上面。

估一估下面各数在数线上的位置。

19 500

每一段是1000，所以我可以找到19 000的位置。

我知道19 500正好在19 000和20 000中间的位置。

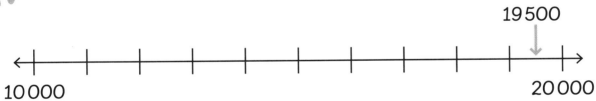

253 700

253 700大约在200 000和300 000中间的位置。

我可以标出253 700的大致位置。

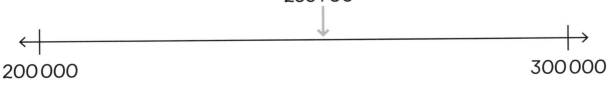

321 456

321 456

100 000   600 000

遇到更大的数时，百位数、十位数、个位数就相对不那么重要了。

我们可以想象出在100 000和600 000之间，每段是100 000的大致位置。

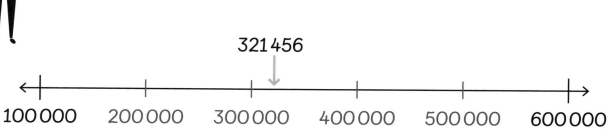

321 456

100 000   200 000   300 000   400 000   500 000   600 000

练 习

1 把下面各数放在数线上合适的位置。

（1） 60 000   45 000   22 000

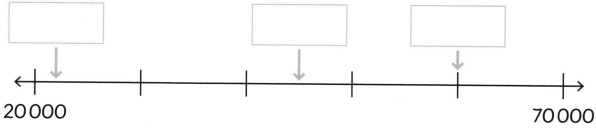

20 000   70 000

(2) 450 000　　　625 000　　　240 000

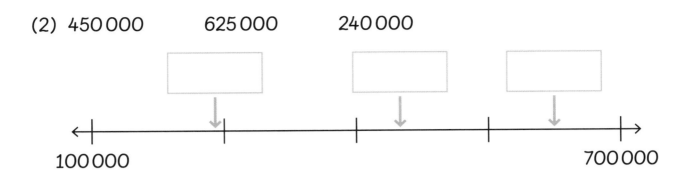

100 000　　　　　　　　　　　　　　　　　　700 000

(3) 360 109　　　460 109　　　317 463

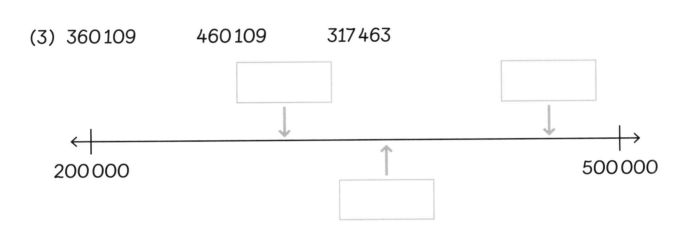

200 000　　　　　　　　　　　　　　　　　　500 000

2 估一估数线上缺失的数，并填一填。

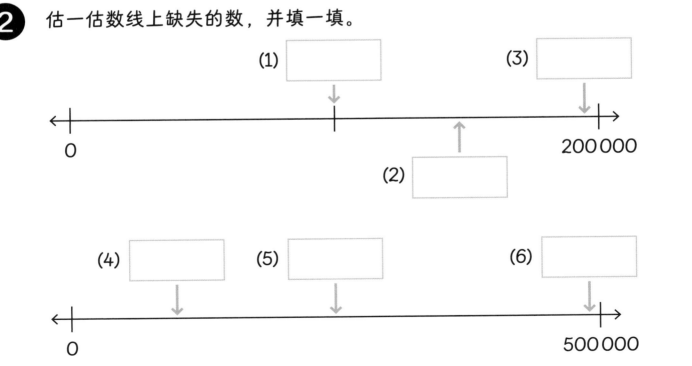

(1)

0　　　　　　　　　　　　　　　　　　200 000

(2)

(3)

(4)　　　(5)　　　(6)

0　　　　　　　　　　　　　　　　　　500 000

四舍五入（一）

准 备

表格中呈现了一年内英国各大车站换乘火车的人数。

火车站	人数
伦敦滑铁卢站	6 310 000
伦敦维多利亚站	5 756 000
伦敦利物浦街站	4 351 000
谢菲尔德站	1 050 000
伯明翰新街站	6 994 000

每个车站大约有多少人换乘火车？

举 例

将6 310 000四舍五入到最接近的百万位。

伦敦滑铁卢站：6 310 000

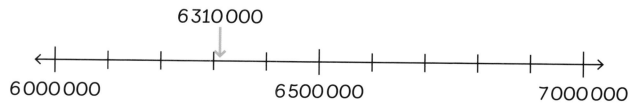

6 310 000比7 000 000
更接近6 000 000。

四舍五入到最接近的百万位时，如果十万位数是0，1，2，3，4，则百万位的数字保持不变。

6 310 000 四舍五入到最接近的百万位，可以得到6 000 000。

6 310 000 大约是 6 000 000。

6 310 000 ≈ 6 000 000 (四舍五入到最接近的 1 000 000)

伦敦维多利亚站：5 756 000

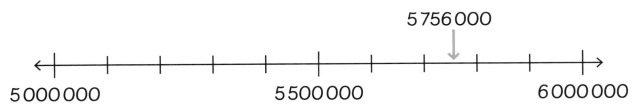

四舍五入到最接近的百万位时，如果十万位数是5，6，7，8，9，则百万位的数字进一位。

5 756 000四舍五入到最接近的百万位，可以得到6 000 000。

5 756 000比5 000 000更接近6 000 000。

5 756 000大约是6 000 000。

5 756 000 ≈ 6 000 000 (四舍五入到最接近的 1 000 000 1 000 000)

25

谢菲尔德站：1050000

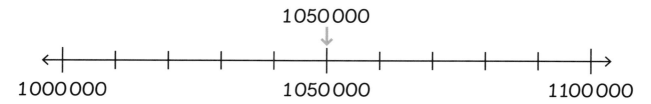

1050000

1000000　　　　1050000　　　　1100000

1050000正好是1000000和
1100000的一半。

一个数在两个数的中间
时，则进位取整。

1050000四舍五入到最接近的十万位，可以得到1100000。

1050000大约是1100000。

1050000 ≈ 1100000 (四舍五入到最接近的 100000)

练 习

四舍五入到最接近的1000000。

 （1）伦敦利物浦街站：4351000

4000000　　　　4500000　　　　5000000

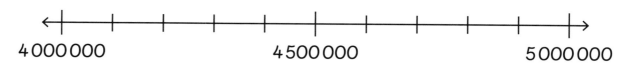

4351000 ≈ ☐　　　　（四舍五入到最接近的1000000）

(2) 伯明翰新街站：6 994 000

$6\,994\,000 \approx$ [ ] （四舍五入到最接近的1 000 000）

2 填一填。

(1) $3\,780\,000 \approx$ [ ] （四舍五入到最接近的1 000 000）

(2) $6\,212\,000 \approx$ [ ] （四舍五入到最接近的1 000 000）

(3) $8\,099\,000 \approx$ [ ] （四舍五入到最接近的1 000 000）

3 拉维把两个数四舍五入到最接近的1 000 000，然后相加，得到的总数是7 000 000。

(1) 如果两个数都进位，其中一个数原来小于3 000 000，那么四舍五入前，两个数最大分别是多少？

[ ]　　[ ]

(2) 如果两个数都不进位，其中一个数原来大于5 000 000，那么四舍五入前，两个数最小分别是多少？

[ ]　　[ ]

四舍五入（二）

准 备

毛里求斯是印度洋的一个岛国。

2020年，毛里求斯的人口数约为 1 265 740人。

我们可以怎么描述毛里求斯的人口数？

毛里求斯
人口：1 265 740

举 例

将毛里求斯的人口数四舍五入到最接近的100。

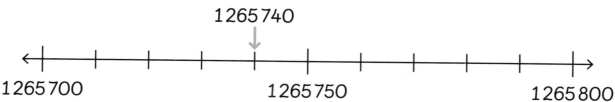

1 265 740四舍五入到最接近的百位，可以得到1 265 700。

1 265 740大约是1 265 700。

1 265 740 ≈ 1 265 700（四舍五入到最接近的100）

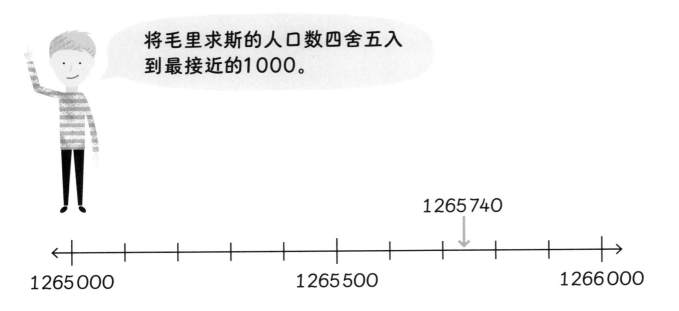

将毛里求斯的人口数四舍五入到最接近的1000。

1265740

1265000　　　　1265500　　　　1266000

1265740四舍五入到最接近的千位，可以得到1266000。

1265740大约是1266000。

1265740 ≈ 1266000 (四舍五入到最接近的1000)

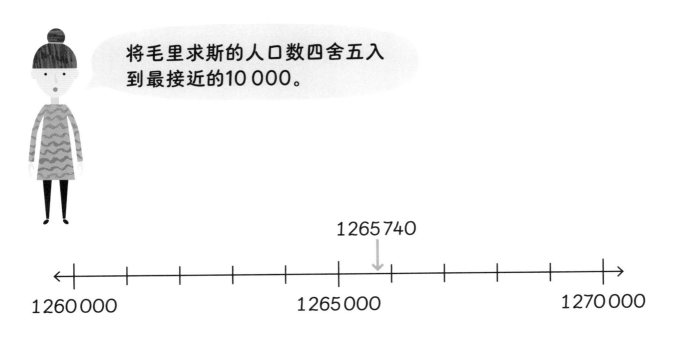

将毛里求斯的人口数四舍五入到最接近的10000。

1265740

1260000　　　　1265000　　　　1270000

1265740四舍五入到最接近的万位，可以得到1270000。

1265740大约是1270000。

1265740 ≈ 1270000 (四舍五入到最接近的10000)

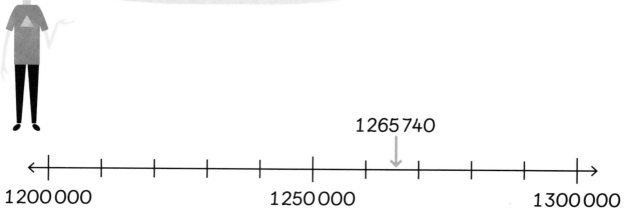

将毛里求斯的人口数四舍五入到最接近的100 000。

1265 740

1200 000   1250 000   1300 000

1265 740四舍五入到最接近的十万位，可以得到1 300 000。

1265 740大约是1 300 000。

1265 740 ≈ 1 300 000 (四舍五入到最接近的100 000)

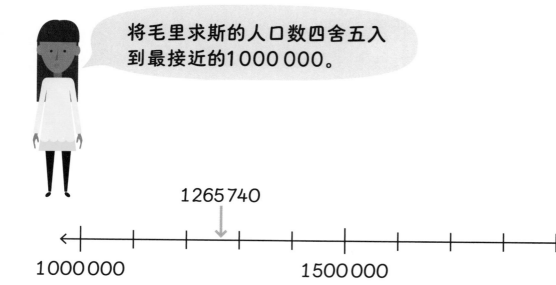

将毛里求斯的人口数四舍五入到最接近的1 000 000。

1265 740

1000 000   1500 000   2000 000

1265 740 四舍五入到最接近的百万位，可以得到1 000 000。

1265 740大约是1 000 000。

1265 740 ≈ 1 000 000 (四舍五入到最接近的1 000 000)

1 2020年博茨瓦纳的人口为2 351 630人。

(1) 2 351 630 大约是 [ ] ，四舍五入到最接近的百位。

2 351 630 ≈ [ ] （四舍五入到最接近的100）

(2) 2 351 630大约是 [ ] ，四舍五入到最接近的千位。

2 351 630 ≈ [ ] （四舍五入到最接近的1000）

(3) 2 351 630大约是 [ ] ，四舍五入到最接近的万位。

2 351 630 ≈ [ ] （四舍五入到最接近的10 000）

(4) 2 351 630大约是 [ ] ，四舍五入到最接近的十万位。

2 351 630 ≈ [ ] （四舍五入到最接近的100 000）

(5) 2 351 630 大约是 [ ] ，四舍五入到最接近的百万位。

2 351 630 ≈ [ ] （四舍五入到最接近的1 000 000）

2 填一填。

(1) 3 472 312 四舍五入到最接近的 [ ] 位是3 500 000。

(2) 7 112 498 四舍五入到最接近的 [ ] 位是7 112 500。

(3) 5 615 492 四舍五入到最接近的 [ ] 位是5 620 000。

负数（一）

准 备

艾玛需要记住家里在停车场的停车位。

她看到了这个标志牌。

从标志牌中能知道停车位的哪些信息？

举 例

我们把-2读作负二。
我们可以在数线上表示出-2。

负数是比0小的数。

-2比0小2。

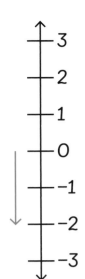

停车场共有7层。
一层标记为0。

-2层比一层（0）低2层。

1 填一填。

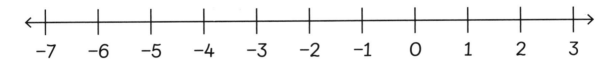

$$-7 \quad -6 \quad -5 \quad -4 \quad -3 \quad -2 \quad -1 \quad 0 \quad 1 \quad 2 \quad 3$$

(1) ☐ 比0小1。

(2) ☐ 比0小3。

(3) ☐ 比0小5。

(4) -4 比0小 ☐ 。

(5) -6 比0小 ☐ 。

(6) -7 比0小 ☐ 。

负数（二）

准 备

法蒂玛老师让学生查看世界上不同城市一月份的平均昼夜温度。

哪个城市的昼夜温差最大？

城市		白天（℃）	夜间（℃）
	维也纳	3	−2
	多伦多	−1	−7
	布拉格	3	−1
	慕尼黑	3	−3
	日内瓦	5	−1
	丹佛	9	−7

举 例

 维也纳

我们把℃读作摄氏度。
摄氏度是用来测量温度的计量单位。

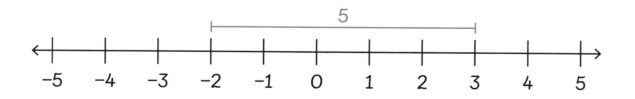

3℃和−2℃的温差是5摄氏度。

从白天到夜间，气温下降了5℃。

34

3是一个正数。
3比0大3。

3℃比0℃高3摄氏度。

 布拉格

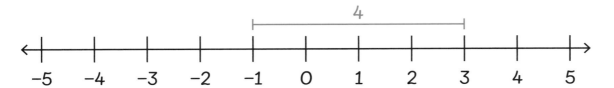

3℃和-1℃的温差是4摄氏度。

从白天到夜间，气温下降了4℃。

 慕尼黑

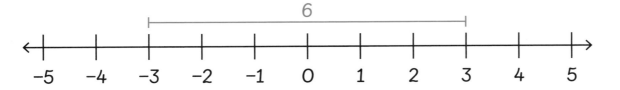

3℃和-3℃的温差是6摄氏度。

从3℃到-3℃，气温下降了6℃。

 丹佛

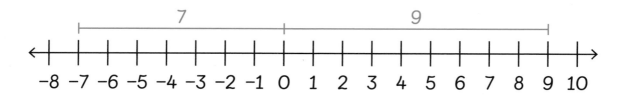

9℃和−7℃的温差是16摄氏度。

从9℃到−7℃，气温下降了16℃。

练 习

1 求出下列城市的平均昼夜温差。

(1) ➕ 日内瓦　　　白天：5℃　　　夜间：−1℃

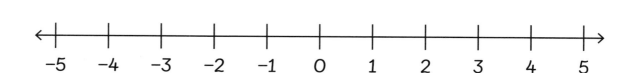

5与−1的差是 ☐ 。

(2) 🍁 多伦多　　　白天：−1℃　　　夜间：−7℃

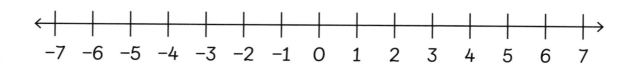

−1与−7的差是 ☐ 。

2 算一算。

(1) 3与−4的差是 ☐ 。

(2) 5与−1的差是 ☐ 。

(3) 8与−8的差是 ☐ 。

(4) 0与−9的差是 ☐ 。

3 早上拉维起床时，气温是4℃。到了午餐时间，气温上升了5℃。晚上10时拉维睡觉时，气温比中午时下降了10℃。

拉维睡觉时的气温是多少摄氏度？

拉维睡觉时的气温是 ☐ ℃。

4 加拿大埃德蒙顿早上7时的气温是−17℃。同一天，澳大利亚达尔文的气温比埃德蒙顿的气温高46℃。

达尔文的气温是多少摄氏度？

达尔文的气温是 ☐ ℃。

负数加减法

准备

查尔斯和奥克做游戏。

查尔斯开始有一张数为-1的卡片。

他又拿了两张卡片。

负数可以做加法运算吗？负数可以做减法运算吗？

举例

-1 +5 = ☐

-1加5。

在数线上从-1向右数5。

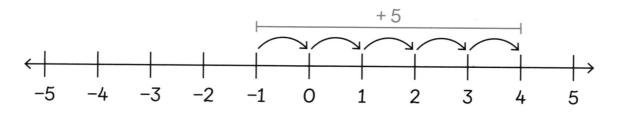

+5

-5 -4 -3 -2 -1 0 1 2 3 4 5

−1 + 5 = 4

$\boxed{-1}$ $\boxed{-5}$ = $\boxed{}$

-1减5要向左数。

从-1开始数。

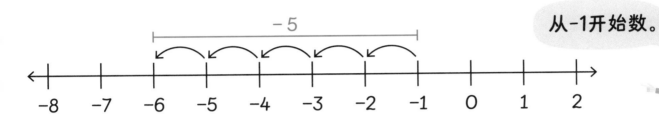

-1 - 5 = -6

奥克拿到了这些卡片。

$\boxed{}$ $\boxed{-3}$ = $\boxed{-2}$

从-2开始，向右数减去的数。

$\boxed{}$ 是几？

$\boxed{}$ = 1

1 - 3 = -2

算一算。

①

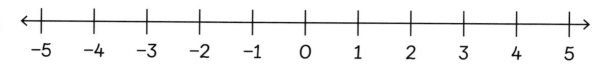

(1) $-1 + 3 =$ ☐

(2) $-2 + 4 =$ ☐

(3) $-1 + 6 =$ ☐

(4) $-4 + 6 =$ ☐

(5) $-3 + 3 =$ ☐

(6) $-5 + 10 =$ ☐

②

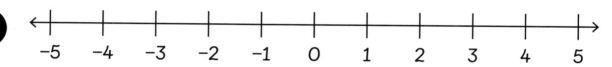

(1) $2 - 3 =$ ☐

(2) $3 - 5 =$ ☐

(3) $-1 - 2 =$ ☐

(4) $2 - 6 =$ ☐

(5) $0 - 5 =$ ☐

(6) $-1 - 1 =$ ☐

③

(1) $-3 + 7 =$ ☐

(2) $-5 + 12 =$ ☐

(3) $-13 + 6 =$ ☐

(4) $5 - 6 =$ ☐

(5) $8 - 10 =$ ☐

(6) $-7 - 8 =$ ☐

4 多伦多下午3时的气温是6℃。

夜间10时的气温比下午3时低8℃。

夜间10时的气温是多少摄氏度？

夜间10时的气温是 ☐ ℃。

5 拉维的妈妈开车进入停车场1层。

她把车开到0层，又向下开了3层才把车停好。

拉维的妈妈把车停在了哪一层？

拉维的妈妈把车停在了 ☐ 层。

回顾与挑战

1 7421956

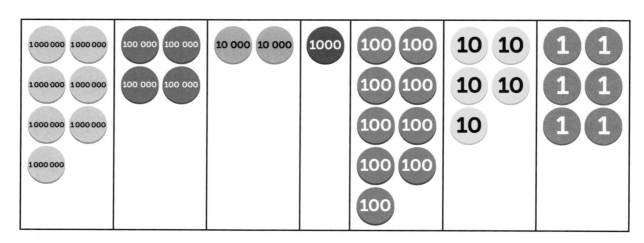

(1) 7421956中的"7"表示 _____ 。

7在 _____ 位。

(2) 7421956中的"4"表示 _____ 。

4在 _____ 位。

(3) 7421956中的"2"表示 _____ 。

2在 _____ 位。

(4) 7421956中的"1"表示 _____ 。

1在 _____ 位。

(5) 7421956中的"9"表示 _____ 。

9在 _____ 位。

(6) 7421956中的"5"表示 _____ 。

5在 _____ 位。

(7) 7421956中的"6"表示 _____ 。

6在 _____ 位。.

2 比一比，用">"、"<"或"="填一填。

(1) 1000000 100000 100000 100000 **10** **10** **1** _____ 1000000 1000000 **1** **1** **1**

(2) 1000000 1000000 1000000 100000 10000 _____ 100000 100000 100000 100000 100000 **10** **10**

(3) 1000000 100000 **1000** **1000** **1000** _____ 1000000 100000 10000

(4) 1000000 1000000 **10** **10** **1** _____ 1000000 1000000 **10** **10** **1**

3 比一比，用">"、"<"或"="填一填。

(1) 3459000 _____ 3459000

(2) 389250 _____ 1450000

(3) 5619300 _____ 5624100

(4) 8936218 _____ 8936128

4 把下面各数按照从小到大的顺序排一排。

| 435 712 | 399 876 | 1 202 396 | 5 000 827 | 4 357 120 |

[　　　] , [　　　] , [　　　] , [　　　] , [　　　]

最小 ⟶ 最大

5 把下面各数进行四舍五入。

(1) 423 000 ≈ [　　　　　　] （四舍五入到最接近的 100 000）

(2) 1 856 000 ≈ [　　　　　　] （四舍五入到最接近的 1 000 000）

(3) 5 678 000 ≈ [　　　　　　] （四舍五入到最接近的 10 000）

(4) 8 099 216 ≈ [　　　　　　] （四舍五入到最接近的 1 000 000）

6 算一算。

(1) $-1 + 2 =$ [　　]   (2) $-4 + 7 =$ [　　]

(3) $-5 + 5 =$ [　　]   (4) $4 - 5 =$ [　　]

(5) $-3 - 4 =$ [　　]   (6) $-12 - 10 =$ [　　]

7 乘一乘。

(1) 5000 × 10 = ☐　　　　(2) 6000 × 100 = ☐

(3) 300 × 1000 = ☐　　　　(4) 4000 × ☐ = 4 000 000

(5) 20 × ☐ = 20 000　(6) ☐ × 1000 = 3 000 000

8 雅各布把一个数乘以10，再乘以100。

如果最后得到的积是4 000 000，那么最开始的数是多少？

最开始的数是 ☐ 。

9 奥克用下列文字写出一个数：

一千二百万，二百三十万，十四万，八千六百二十一

用阿拉伯数字表示这个数。

☐

参考答案

第 5 页   **1 (1)** 5 620 000 **(2)** 2 132 111   **2 (1)** 二百四十五万六千

(2) 六百一十二万五千二百三十

(3) 八百九十一万二千六百五十二

第 7 页   **1 (1)** 4 532 128 = 4 000 000 + 500 000 + 30 000 + 2000 + 100 + 20 + 8

(2) 7 659 382 = 7 000 000 + 600 000 + 50 000 + 9000 + 300 + 80 + 2

(3) 2 413 926 = 2 000 000 + 400 000 + 10 000 + 3000 + 900 + 20 + 6

2 (1) 1000是1的1 000倍。   **(2)** 30 000是3 000的10倍。

(3) 4000是400 000的 $\frac{1}{100}$。   **(4)** 8000是8 000 000的 $\frac{1}{1000}$。

第 11 页   **1 (1)** 3 200 000 < 4 200 000 **(2)** 3 200 000 < 4 110 000 **(3)** 2 130 000 > 1 500 000

(4) 1 130 000 > 1 112 000   **2 (1)** 6 800 000大于5 800 000。

(2) 4 030 000 大于 4 003 000。 **(3)** 7 234 000 小于 7 243 000。

(4) 2 312 478 小于 2 312 487。 **3 (1)** 5 498 000 > 4 988 000

(2) 3 456 000 < 3 478 000 **(3)** 4 000 102 > 4 000 099 **(4)** 1 000 001 < 1 000 010

第 15 页   **1 (1)** 人口最多的州是马萨诸塞州。 **(2)** 明尼苏达州的人口多于阿拉巴马州。 **(3)** 人口最少的州是阿拉巴马州。 **(4)** 马里兰州的人口少于马萨诸塞州。 **2** 阿拉巴马州, 明尼苏达州, 科罗拉多州, 密苏里州, 马里兰州, 马萨诸塞州   **3 (1)** 3 400 000 < 4 100 000 **(2)** 910 000 < 1 200 000 **(3)** 2 205 180 > 2 201 000 **(4)** 8 763 413 > 8 760 998   **4** 答案不唯一。举例: 6 535 421 > 6 534 999, 5 653 141 < 6 520 141, 623 499 > 523 518

第 18 页   **1 (1)** 4 356 000的3的值是2 534 000的3的10倍。 **(2)** 6 125 000的6的值是3 756 000的6的1 000倍。   **(3)** 3 997 000的7的值是7 443 000的7的1 000分之一。   **(4)** 4 221 900的9的值是9 030 000的9的10 000分之一。

第 19 页   **2 (1)** 100 000是1 000的100倍。 **(2)** 800 000是800的1 000倍。 **(3)** 7 200 000是7 200的1 000倍。   **(4)** 4 980是498 000的 $\frac{1}{100}$。   **3** 有50 000人参加纽约马拉松比赛。   **4** 伦敦和奥克兰之间的距离大约是18 000千米。

第 22 页   **1 (1)**

第 23 页   **(2)**

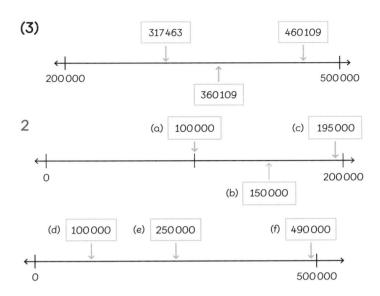

第 26 页　**1 (1)** 4 351 000 ≈ 4 000 000 (四舍五入到最接近的 1 000 000)

第 27 页　**(2)** 6 994 000 ≈ 7 000 000 (四舍五入到最接近的1 000 000)　**2 (1)** 3 780 000 ≈ 4 000 000 (四舍五入到最接近的1 000 000) **(2)** 6 212 000 ≈ 6 000 000 (四舍五入到最接近的1 000 000) **(3)** 8 099 000 ≈ 8 000 000　(四舍五入到最接近的 1 000 000)　**3 (1)** 2 999 999, 3 999 999 **(2)** 5 000 001, 2 000 001

第 31 页　**1 (1)** 2 351 630 大约是2 351 600 四舍五入到最接近的百位。2 351 630 ≈ 2 351 600 (四舍五入到最接近的100)。　**(2)** 2 351 630大约是2 352 000 四舍五入到最接近的千位。2 351 630 ≈ 2 352 000 (四舍五入到最接近的1000)。**(3)** 2 351 630大约是2 350 000, 四舍五入到最接近的万位。2 351 630 ≈ 2 350 000 (四舍五入到最接近的10 000)。**(4)** 2 351 630大约是2 400 000 四舍五入到最接近的十万位。2 351 630 ≈ 2 400 000 (四舍五入到最接近的100 000)。**(5)** 2 351 630大约是2 000 000, 四舍五入到最接近的百万位。2 351 630 ≈ 2 000 000 (四舍五入到最接近的1 000 000)。**2 (1)** 3 472 312四舍五入到最接近的十万位是3 500 000。**(2)** 7 112 498 四舍五入到最接近的百位是7 112 500。**(3)** 5 615 492四舍五入到最接近的万位是5 620 000。

第 33 页　**1 (1)** −1比0小1。 **(2)** −3比0小3。 **(3)** −5比0小5。 **(4)** −4比0小4。 **(5)** −6比0小6。 **(6)** −7比0小7。

第 36 页　**1 (1)** 5与−1的差是6。**(2)** −1与−7的差是6。

第 37 页　**2 (1)** 3与−4的差是7。 **(2)** 5与−1的差是6。 **(3)** 8与−8的差是16。 **(4)** 0与−9的差是9。
3 拉维睡觉时的气温是−1℃。 **4** 达尔文的气温是29℃。

第 40 页　**1 (1)** −1 + 3 = 2 **(2)** −2 + 4 = 2 **(3)** −1 + 6 = 5 **(4)** −4 + 6 = 2 **(5)** −3 + 3 = 0 **(6)** −5 + 10 = 5
2 (1) 2 − 3 = −1 **(2)** 3 − 5 = −2 **(3)** −1 − 2 = −3 **(4)** 2 − 6 = −4 **(5)** 0 − 5 = −5 **(6)** −1 − 1 = −2
3 (1) −3 + 7 = 4 **(2)** −5 + 12 = 7 **(3)** −13 + 6 = −7 **(4)** 5 − 6 = −1 **(5)** 8 − 10 = −2
(6) −7 − 8 = −15

第 41 页　**4** 夜间10时的气温是−2℃。 **5** 拉维的妈妈把车停在了−3层。

第 42 页　**1 (1)** 7 421 956的7表示7 000 000, 7在百万位。
(2) 7 421 956的4表示400 000, 4在十万位。

(3) 7 421 956中的2表示20 000，2在万位

(4) 7 421 956中的1表示1000，1在千位。

(5) 7 421 956中的9表示900，9在百位。

第 43 页 　**(6)** 7 421 956中的5表示50，5在十位。

(7) 7 421 956中的6表示6，6在个位。

2 **(1)** 1 300 021 < 2 000 003　**(2)** 3 110 000 > 500 020　**(3)** 1 103 000 < 1 110 000

(4) 2 000 021 = 2 000 021　**3** **(1)** 3 459 000 = 3 459 000　**(2)** 389 250 < 1 450 000

(3) 5 619 300 < 5 624 100　**(4)** 8 936 218 > 8 936 128

第 44 页 　**4** 399 876, 435 712, 1 202 396, 4 357 120, 5 000 827　**5** **(1)** 423 000 ≈ 400 000 (四舍五入
到最接近的100 000)　**(2)** 1 856 000 ≈ 2 000 000 (四舍五入到最接近的1 000 000)

(3) 5 678 000 ≈ 5 680 000 (四舍五入到最接近的10 000)　**(4)** 8 099 216 ≈ 8 000 000 (四舍
五入到最接近的1 000 000)　**6** **(1)** −1 + 2 = 1　**(2)** −4 + 7 = 3　**(3)** −5 + 5 = 0　**(4)** 4 − 5 = −1

(5) −3 − 4 = −7　**(6)** −12 − 10 = −22

第 45 页 　**7** **(1)** 5000 × 10 = 50 000　**(2)** 6000 × 100 = 600 000　**(3)** 300 × 1000 = 300 000

(4) 4000 × 1000 = 4 000 000　**(5)** 20 × 1000 = 20 000　**(6)** 3000 × 1000 = 3 000 000

8 雅各布开始的数是4000.

9 12 000 000 + 2 300 000 + 140 000 + 8600 + 21 = 14 448 621